ESSAI

SUR LES EAUX MINÉRALES THERMALES

DE LOUESCHE.

IMPRIMERIE DE DIDOT LE JEUNE,
RUE DES MAÇONS-SORBONNE, N°. 13.

ESSAI

SUR LES EAUX MINÉRALES THERMALES

DE LOUESCHE

(EN SUISSE, CANTON DU VALAIS);

PAR J.-FR. PAYEN,

Docteur en médecine de la Faculté de Paris, ex-Élève interne de l'Hôtel-Dieu de la même ville, attaché aux dispensaires de la société Philantropique.

A PARIS,

CHEZ BLAISE JEUNE, LIBRAIRE,

QUAI DES AUGUSTINS, N°. 39.

1828.

ESSAI
SUR LES EAUX MINÉRALES
DE LOUÉSCHE
(EN SUISSE, CANTON DU VALAIS);

L'EAU se rencontre rarement pure dans la nature, même en faisant abstraction de l'air qu'elle renferme, puisque l'eau de pluie, qui est l'eau naturelle la plus pure, contient encore, d'après *Bergmann*, des atomes de nitrate et d'hydrochlorate de soude, quand elle tombe après une longue sécheresse.

Dans les eaux terrestres, on trouve toujours des sels; mais, s'ils sont assez peu abondans pour ne manifester leur présence ni par la saveur, ni par les propriétés médicinales, on les considère encore comme des eaux pures, telles sont les eaux de fleuves, de rivières, etc., et celles-ci et la précédente sont les meilleures pour les usages domestiques.

Si ces sels sont plus abondans, sans communiquer de saveur et de propriétés médicinales, l'eau est crue, difficile à digérer, et impropre à plusieurs usages; telles sont les eaux de puits.

Enfin, quelques eaux exercent une impression plus ou moins marquée sur nos organes, et leur usage modifie d'une manière quelconque l'économie animale. Celles-là seraient pour la plupart impropres aux usages journaliers, ce sont les eaux dites *minérales*. Parmi ces dernières, un petit nombre possède des propriétés malfaisantes; le plus grand nombre, au contraire, si on les emploie dans les circonstances convenables, exerce sur les maladies une influence favorable, et ces eaux sont mieux désignées sous le nom d'*eaux médicinales*, ou, comme disent les Allemands, *eaux curatives*. (*Heilquelle*, des Allemands; *fontes medicati*, des auteurs latins.)

On a vanté sans mesure, on a dénigré sans justice les eaux minérales, tantôt en les appliquant à toutes les maladies, tantôt en en rapportant les effets à l'influence seule du voyage et de la distractiont.

Très-souvent, sans doute, le changement de lieux influe sur les malades d'une manière salutaire; une succession non interrompue d'objets nouveaux distrait l'attention qui était concentrée sur des organes souffrans; l'exercice, en fortifiant le corps, lui rend l'énergie qu'il avait perdue, et fait cesser la prédominance du système nerveux; un voyage, enfin, arrache le malade à la solitude, objet constant de sa prédilection et cause aggravante de ses maux; et ce n'est pas sans raison que *Brown* regrettait, sous le rapport hygiénique, les pélerinages tant en usage autrefois.

Mais l'influence des eaux minérales n'en est pas moins irrécusable, car on l'observe sur les malades qui, pour arriver aux sources, n'ont même à parcourir qu'un court trajet, et dans les cas d'affections rebelles à tous les autres moyens thérapeutiques et contre lesquelles la distraction seule n'aurait aucune efficacité; telles sont les dartres, les rhumatismes, les ulcères, etc.

Ce qui a surtout favorisé l'opinion du défaut d'action des eaux minérales, c'est la disproportion frappante qui existe entre l'effet qu'on leur attribue, et l'effet que produirait sur l'économie l'usage isolé des principes qui les rendent actives; mais une longue expérience a prouvé qu'il était impossible de préjuger ainsi l'action des eaux d'après leur composition chimique. D'ailleurs, la chaleur de ces eaux est-elle de la même nature que celle de nos foyers, et nos analyses chimiques nous démontrent-elles tout ce qu'elles renferment, puisque chaque jour la chimie découvre des corps nouveaux, et que quelques-uns de ces corps se trouvent dans les eaux minérales? Ainsi, n'aurait-on pas pu nier l'efficacité des sources de Sales et de quelques autres du Piémont pour guérir le goître, jusqu'au jour où l'on y a découvert l'iode? Tout en appréciant les services immenses que la chimie a rendus à l'étude des eaux minérales, il faut convenir que c'est surtout à l'expérience qu'on doit s'en rapporter pour apprécier l'importance de ce moyen thérapeutique, et que c'est aux sources mêmes qu'il faut en étudier les effets.

Cette remarque sur la disproportion des propriétés médicales et sur la composition chimique, serait applicable au plus grand nombre des sources dont l'efficacité est le mieux constatée; elle l'est en particulier aux eaux de Louesche, en Suisse, canton du Valais, qui font le sujet de ce mémoire.

Le village des bains de Louesche (*Leukbaden*, des Allemands; *Thermæ leucences, leucinæ, leucianæ, leuceræ*, des auteurs latins), est situé dans une vallée à l'extrémité septentrionale du Haut-Valais, à deux lieues et demie du bourg de Louesche, à quatre ou cinq lieues de Sierre, à quarante lieues de Genève et vingt lieues de Berne. Cette vallée est limitée de toutes parts par de hautes montagnes, si ce n'est vers le midi, où elle s'ouvre à peine pour laisser passer un torrent, la Dala, qu'alimente la fonte des neiges et des glaces, existant sur le sommet de quelques-unes de ces montagnes. Au nord, la Ghemmi offre une paroi verticale, élevée de seize cents pieds au-dessus de la vallée, et complètement dépourvue de végétation. A l'est et à l'ouest, les montagnes présentent un peu de pente; et la végétation, qui est belle à leur base, diminue à mesure qu'on s'élève.

Les montagnes qui ceignent cette vallée sont formées de carbonate de chaux, dans lequel on trouve du quartz et du feld-spath, et qui alterne avec des bancs d'argile schisteuse (1). Vers le sommet de la Ghemmi, on rencontre des pyrites de fer. Le carbonate de chaux existe sous les formes désignées par M. *Haüy* sous les noms, *chaux carbonatée compacte et chaux carbonatée globuliforme*. On n'a pas rencontré dans cette vallée de mines métalliques ; mais les montagnes qui la bornent à l'est la séparent d'une autre vallée (le Loetsch-Thal), dans laquelle existe une mine de sulfure de plomb, qu'on a exploitée pendant quelque temps, mais qui a été abandonnée, et dans une autre vallée voisine, située au nord de celle des bains (celle de Lauterbrun), on trouve des mines de fer, de sulfure de plomb (Bleyglanz), de fer magnétique et d'oxyde de zinc (V. matériaux pour servir à l'histoire naturelle de la vallée de Lauterbrun, par M. C. Escher, en Allemagne) (2).

---

(1) Il est à remarquer que les bancs de schiste calcaire de la Gemmi s'inclinent vers le nord, et que ceux du rocher, situé au sud des bains, s'inclinent vers le sud.

(2) Cette mine a été reconnue depuis long-temps,

Les sources minérales coulent du nord-est au sud-ouest, par conséquent de ces deux vallées vers celle de Louesche.

La température est variable à Louesche; le soir et la nuit, il y a une rosée abondante. Souvent, jusqu'à neuf et dix heures du matin, le village est plongé dans un brouillard épais, et il n'est pas rare que, dans les mois de juillet et d'août, il tombe de la neige sur les parties peu élevées des montagnes voisines, et même dans la vallée; mais, au milieu du jour, le

---

car *Munster* et *Simler* l'indiquent. Il est à remarquer que le Valais renferme un très-grand nombre de sources minérales; et je me borne à indiquer les plus voisines de celles qui m'occupent, et seulement celles où l'on a reconnu quelques-uns des principes minéralisateurs importans des eaux de Louesche. *Sources soufrées :* 1°. Près de Brigg; 2°. près de Geschenen, dixain de Conches; 3°. à Asp, au-desssus de Louesche-la-Ville; 4°. près de Beauvergier, au-dessus de Martigny. *Sources ferrugineuses* : 1°. le Roth-Bach (Ruisseau-Rouge), près l'église de Saas; 2°. Eau rouge dans la vallée de Morgen, dixain de Monthey; 3°. à Saillon, dixain de Martigny; 4°. près de Saint-Brancher, même dixain.

soleil réfléchi sur la montagne chenue qui la borne au nord, élève la température jusqu'à un degré fort souvent incommode. Comme dans tous les pays de montagnes, les orages y sont fréquens, mais le tonnerre ne tombe jamais dans la vallée.

La vallée de Louesche est à 4,500 pieds au-dessus du niveau de la mer; elle n'a qu'une ouverture étroite et du côté du midi. La végétation y est assez active, mais la terre est mal cultivée. Les maisons dont se compose le village, à l'exception de quelques-unes, ont des murs bâtis en pierre seulement dans une hauteur de trois ou quatre pieds; le reste et le toit sont en planches. Dans le plus grand nombre de ces maisons, le rez-de-chaussée est élevé au-dessus du sol, et il existe en dessous un espace qui livre un libre passage aux torrens descendant des montagnes pendant les orages, et prévient ainsi la destruction de ces frêles habitations. En général, on trouve à Louesche fort peu de commodités; les logemens y sont petits, mal distribués, plus mal meublés encore, ce qu'il faut attribuer à la négligence des habitans, à la mauvaise administration des propriétaires des sources, et à la crainte de voir détruire chaque année par des avalanches les bâtimens dispendieux qu'on y éléverait. Toutefois, cet accident ne doit pas effrayer les malades; car il n'arrive qu'au printemps, avant la saison des eaux.

Il n'y a pas d'affection endémique à Louesche; il n'existe ni goîtreux, ni crétins.

Les voitures ne peuvent pas pénétrer dans la vallée; les malades n'y arrivent qu'à mulet ou en chaise à porteur.

On dit que les eaux de Louesche furent découvertes dès le douzième siècle, et que, dès cette époque, il s'y établit quelques colons, un nommé Jean Manns fit élever une tour pour les protéger. A la fin du quinzième siècle, Jost de Sillinen y fonda l'église Sainte-Barbe et y construisit quelques maisons. En 1501, Mathieu Schiner, évêque de Sion, entoura la place des grands bains d'édifices commodes, qu'une avalanche emporta dix-huit ans après. En 1719 et 1759, nouvel accident du même genre, qui détruisit chaque fois une portion de village, que l'on reconstruisit. Dans ces derniers temps, on a bâti une muraille d'une grande épaisseur, pour diviser la lavange et changer sa direction : une fois déjà ce mur a été entraîné ; on l'a reconstruit.

Les eaux sortent de terre par une vingtaine de sources qui, à l'exception de quelques-unes qu'on utilise, vont se perdre dans la Dala. La source principale, dite *de Saint-Laurent*, surgit sur la place du village, et alimente le bain des *Messieurs* et quelques autres. Au nord du village est le *Goldbrunlein;* au nord-est est la source du *Pied*, qui passe pour efficace contre les maux de jambe. Enfin, dans la même direction est la source dite en patois *Kotzgulle* (*Brechquelle* en allemand), qui passe pour vomitive, propriété qui, d'après les analyses, ne doit pas être attribuée à sa composition chimique, mais paraît dépendre seulement de sa température, qui est plus basse que celle des autres : cette circonstance la faisait préférer par les paysans comme favorisant le vomitif par lequel il était d'usage de commencer la cure. Il existe encore quelques autres sources chaudes inusitées, celle des Lépreux, celle du Bain de guérison, etc. A deux cents pas des bains, on trouve la source *Notre-Dame*, qui ne coule que pendant quelques mois de l'année, et qui est très-froide, parce qu'elle provient de la fonte des neiges, ce qui explique son intermittence.

Il existe à Louesche plusieurs bains; presque tous sont des piscines où les malades se baignent ensemble, vêtus de longues robes de toile, par-dessus lesquelles on place un collet d'étoffe de laine. Parmi ces bains sont le bain des Messieurs, celui des Gentilshommes, celui des Pauvres, etc. Le plus fréquenté de tous est celui des Messieurs; il consiste en un vaste hangard, construit en planches et couvert, lequel est divisé en quatre carrés, dont chacun peut contenir une vingtaine de personnes. Chaque carré a un nom particulier, et communique avec un cabinet dans lequel les baigneurs s'habillent. Les deux cabinets qui correspondent aux carrés des Valaisans et des étrangers sont les seuls chauffés. Un robinet s'ouvre dans chaque piscine et sert à l'alimenter; un courant d'eau circule sans cesse dans une gouttière pour fournir aux lotions sur la face, les yeux, etc.; les baigneurs ont chacun une petite planche qui flotte devant eux, et qui sert à poser les objets dont ils ont besoin. Il existe, en outre, quelques bains particuliers pour les malades qui répugnent à se baigner en commun ; mais ils sont peu nombreux, car l'agrément de la société est indispensable pour pouvoir sans ennui prendre des bains aussi prolongés qu'on le fait à Louesche, puisqu'il est rare qu'on se baigne moins de six heures par jour, dont quatre le matin et deux le soir. On a depuis quelques années construit un nouveau bain ; j'ignore s'il remplace aujourd'hui le bain des Messieurs, mais en 1822 on n'y prenait que le bain du soir.

Caractères physiques. Toutes les sources thermales du village de Louesche-les-Bains s'accordent parfaitement entr'elles sous le rapport des caractères physiques et chimiques ; elles ne diffèrent que par la température. Les eaux sont limpides, incolores, transparentes, quand elles sont en petite quantité (1) ; vues en masse,

(1) C'est ainsi que s'explique l'absence complète d'odeur, sur laquelle s'accordent presque tous les auteurs anciens : *aqua nullius odoris est*, disent COLLINUS et SIMLER ; *carens omni fœtore*, dit MUNSTER.

elles sont très-légèrement opalines, et elles dégagent une odeur peu intense d'hydrogène sulfuré. Leur saveur est presque nulle, et comparable à celle qu'on éprouve en passant entre les lèvres une lame d'acier (1). La pesanteur spécifique est de 1,005. La température de la source de Saint-Laurent est de 41°,5 + o de *R.* à l'ouverture de la source; la source du bain neuf n'est qu'à 40°,5, et le jour où ces températures ont été vérifiées, le thermomètre de *Réaumur*, placé à l'ombre, indiquait 16° + o, et au soleil 28° + o. La chaleur des autres sources est moins élevées; les moins chaudes ont de 27 à 30°. Les sources se troublent à la suite des longues pluies, mais leur température ne varie pas.

On dit des eaux de Louesche, ainsi que de quelques autres sources dont la température est la même ou peu supérieure, qu'elles peu-

---

Par contre, GULDELFINGERUS parle de l'odeur et de la saveur, et il dit : *Odorem, saporem et calorem à cupro trahunt*.

(1) *Fabrice de Hilden* dit que l'eau a une saveur styptique.

vent être bues sans être refroidies, et que des boissons ordinaires ne pourraient être prises à cette température sans causer une vive douleur et des accidens ; mais il n'en est pas ainsi, et je me suis assuré par des expériences bien simples que tous les jours on prend de l'eau, du bouillon, du café, qui ont plus de 45°.

Les eaux de Louesche ne déposent pas de boue et ne forment pas d'incrustations (1). Les sources qu'on utilise sont trop rapides pour

---

(1) Du moins n'ai-je pas vu d'incrustations aux sources ni sur le trajet de l'eau, et le docteur *Monier*, qui vient tous les ans à Louesche, m'a assuré qu'il ne s'en formait pas : on verra plus bas, par une citation de *Fabrice de Hilden*, que cet auteur dit en avoir vu. *Collinus* dit : *Terrà ubi defluit rubra est similis fermè bolo armeno.* Le comte de *Razoumowski* dit que la source principale et deux autres sources déposent beaucoup d'ocre martiale. Enfin *Scheuchzer* parle également d'incrustations qu'il dit être d'un jaune brun, et, suivant lui, c'est la couleur de ce dépôt qui a fasciné les yeux des auteurs qui ont dit que ces eaux contenaient du cuivre et de l'or ; et il ajoute : « *Car je tiens pour certain que ce dépôt n'a* « *rien de commun avec ces métaux, mais qu'il est*

qu'il se forme des végétations à leur surface ; pourtant on trouve sur leurs bords un cryptogame qui existe plus abondamment à la source du Pied, et qui est l'*ulva thermalis*. Les eaux de Louesche ne sont pas onctueuses au toucher, comme le sont celles de Barèges, de Vichy, etc. (1).

« *formé par le fer* (*eisen*), *qui y est à l'état de safran de mars.* » (*Voy*. p. 180.)

(1) On trouve dans plusieurs des sources de Louesche les larves d'un insecte du genre *libellula* de LINNÉE (vulg. *demoiselle*), qui est le *libellula depressa* (ord. *névroptères;* fam. *subulicornes;* tribu des *libellulines* de LATREILLE), et il est reconnu que ces larves vivent très-bien dans l'eau malgré sa haute température.

L'amateur d'histoire naturelle ne manquera pas à Louesche d'occasions pour employer utilement ses loisirs. Le zoologue trouvera quelques espèces rares d'animaux, surtout parmi les insectes et notamment les papillons. Le botaniste rencontrera une foule de plantes alpines dont quelques-unes sont rares ailleurs. Le géologue fera peut-être quelques découvertes dans cette vallée qui, de même que les vallées voisines, n'a été que très-rarement explorée, et dans laquelle il y a sans doute des observations curieuses à recueillir.

Caractères chimiques. Les eaux de Louesche passent pour hydrosulfureuses ; elles sont rangées avec celles de Barèges, de Bade, d'Aix en Savoie, etc. On en a fait plusieurs analyses ; mais si dans toutes on est tombé d'accord sur la présence de quelques sels peu ou point actifs, la coïncidence cesse à l'égard de principes minéralisateurs plus importans : ainsi les uns admettent, les autres rejettent l'existence du fer, de l'acide carbonique, de l'hydrogène sulfuré (1). *Naterer* n'a pas trouvé de soufre,

---

On consultera avec fruit le *Guide du botaniste dans le Valais*, par M. Murith, in-8°., Lausane 1810. La *Flore helvétique*, de J. R. Suter, D. M., 2 vol. in-18, Zurich 1802 (latin et allem.). Haller, *Historia stirpium indigenarum helvetiæ*, Scheuchzer, Simler, Wagner, le comte de Razoumowski, etc.

(1) Je n'indique pas comme résultat d'analyse chimique l'opinion de *Collinus*, de *Simler*, de *Munster*, de *Gessner*, de *Guldelfingerus*, qui prétendent que ces eaux sont minéralisées par le cuivre ; non plus que celle d'*Adam Clarinus*, médecin de Fribourg en Brisgaw, qui, trompé par la coloration des pièces d'argent, a pensé que ces eaux contenaient de l'or. Je dirai seulement que *Simler*, *Munster* et

et il dit avoir reconnu un principe gazeux, des sels neutres, un sel à base de chaux, et du safran de mars. *Fabrice de Hilden* indique

---

Gessner nient positivement la présence du soufre. *Scheuchzer* ne parle pas de ce corps ; mais il admet du fer. Au contraire, dans un ouvrage in-folio, intitulé *Topographia Helvetiæ confederatæ*, 1555, on lit : *Parùm autem sulfuris continent*. Je rapporte ces divergences d'opinions, parce qu'on les retrouve dans les analyses récentes.

Cupræà sive æreâ ex parte abundat, dit *Collinus*. Le mot *æs*, qu'on trouve dans tous les auteurs qui ont écrit en latin sur les eaux de Louesche, est-il dans ce cas employé pour signifier le *fer?* Je le pense. En effet, quelques dictionnaires donnent à ce mot cette signification d'après *Pline* et *Cœlius*, et la phrase suivante de *Fabrice de Hilden* me semble déposer en faveur de cette opinion : *Mixtura harum thermarum constat ex ære et sulphure ; verùm æs quantitate sulphur multùm præcellit, quemadmodùm lutum aut veluti rubigo ferri ex nigro rubescens, quod hinc indè circa scaturigines fontium invenitur, simul et aqua ipsa in quâ stypticitas quædam gustu percipitur satis superque indicat.* Collinus emploie une comparaison analogue, puisqu'il dit : *Similis bolo armeno.*

du soufre et du cuivre (ou du fer). Dans une notice sur Louesche, publiée à Zurich en 1817, on explique par la précipitation d'un *ocre ferrugineux* la couleur jaune, comme dorée, que prennent les pièces d'argent par leur séjour dans l'eau, et on ajoute : « Quoique l'analyse « chimique n'y ait pas démontré de fer par le « prussiate de potasse, ni d'hydrogène sul- « furé, puisqu'en outre des moyens indiqués « par M. *Westrumb*, on a laissé pendant plu- « sieurs jours du mercure en contact avec « l'eau, et que son éclat n'a pas été altéré. » Dans une analyse faite l'année dernière, on n'a pas trouvé d'acide hydrosulfurique, et les deux chimistes auxquels elle est due attribuent la coloration des pièces d'argent au dépôt du peroxyde de fer, et ils font remarquer qu'elle ne peut dépendre du soufre, puisqu'il n'entre dans la composition de l'eau ni sulfures, ni acide hydrosulfurique (1). M. *Gim-*

(1) Cette coloration se produit dans toutes les sources, et non pas seulement dans le Goldbrunlein, comme semblerait l'indiquer son nom (petite source d'or);

bernat a reconnu de l'azote dans ces eaux. *Tissot* les classe avec les eaux martiales.

Rouelle, qui a publié en 1776 une analyse de ces eaux, dit que c'est à tort qu'elles sont classées avec celles de Barèges, Bagnères-de-Luchon, etc.; car elles ne contiennent pas de soufre, quoiqu'elles dégagent une *odeur légère de foie de soufre* : car, dit-il, cette odeur n'indique pas nécessairement la présence de ce corps. Suivant lui, elles ne contiennent pas non plus de fer, comme il s'en est assuré par l'infusum de noix de galle et le prussiate de potasse; il a reconnu par les réactifs de l'acide muriatique, des muriates et des sulfates, de la magnésie, des sels à base terreuse, enfin des sulfates de potasse, de magnésie et de chaux : ce dernier sel est très-abondant. Par voie d'évaporation, il a trouvé qu'une livre d'eau contient 22 grains 4/5 de principes fixes, dont : sel cathartique, 5 grains 1/2 et plus; sélénite, 15; terre absorbante, 2 et fraction.

---

pourtant on dit que cette dernière source contient plus de fer que les autres.

Le comte de *Razoumowsky*, qui a publié en 1784 une analyse de l'eau de plusieurs des sources de Louesche, dit qu'il s'est assuré par l'acide arsénieux et le nitrate de plomb que ces eaux ne contiennent pas de soufre, pas d'acides ni d'alcalis libres par le papier de tournesol, point de baryte par l'acide sulfurique. Il a trouvé de l'acide carbonique par l'eau de chaux, un sulfate par le muriate de baryte, un sel neutre par l'alcohol, du carbonate de fer par la noix de galle, et de la chaux par l'acide oxalique.

Par voie d'évaporation, il a trouvé que 2 livres 9 onces 2 gros 2 grains d'eau de chaque source donnent :

	Gr. sour.	Source d'or.	Kotz et Gull-Brun.	Heil-Bad.	Pet. sour.
Air fixe	quantité inappréciable.	*id.*	*id.*	*id.*	*id.*
Fer		*id.*	*id.*	*id.*	»
Terre calc. et sélénite.	20	15	15	9	15
Terre végétale	»	1	»	»	»
Vitriol de magnésie	5	3	3	4	3

M. *Morell* a donné des eaux de Louesche l'analyse qui suit; en outre, on trouve, dans une excellente description du Valais par M. *Bridel*, une autre analyse dont il n'indique pas l'auteur, mais il me semble évident que c'est une copie fautive de celle de M. *Morell*, puisqu'elle n'en diffère qu'en ce qu'un des chiffres des fractions est porté comme un nombre entier.

Une livre de la source de Saint-Laurent contient :

D'après M. MOREL,

Muriate de soude et un peu de sel amer	gr. 1.
Sulfate de chaux	gr. 13 5/32.
Carbonate de fer	gr. » 9/28.
Carbonate de chaux	gr. » 16/25.
Carbonate de magnésie	gr. 1 . 1/24.

En outre, une très-petite quantité d'ydrogène sulfuré.

D'après l'ouvrage de M. BRIDEL,

(*à peu près*)

Muriate de soude	gr. 1.
Sulfate de chaux	gr. 13.
Carbonate de fer	gr. 9.
Carbonate de chaux	gr. 16.
Carbonate de magnésie	gr. 1.

Plus, du gaz hydrogène et de l'acide carbonique.

D'après une analyse précitée, faite en 1827 à Louesche même, par M. *Brünner*, professeur de chimie à l'Académie de Berne, et par M. *Pagenstecher*, pharmacien de la même ville, les eaux de Louesche contiendraient par 24 onces, poids médicinal, ou 3/4 de kilogramme :

GAZ après la réduction à la température de o.	Acide carbonique...	0,357 po. cub.
	Oxygène..........	0,256
	Azote.............	0,462
PARTIES FIXES.	Sulfate de chaux....	17,083 grains.
	——— de magnésie.	2,654
	——— de soude....	0,678
	——— de strontiane.	0,043
	Chlorure de sodium.	0,073
	——— de potassi.	0,027
	——— de magnés.	0,036
	——— de calcium.	*traces.*
	Carbonate de chaux.	0,476
	——— de magnés.	0,003
	——— de fer oxyd.	0,032
	Silice.............	0,136
	Nitr. (de magnés. ?).	*traces.*

Les deux chimistes distingués auxquels est due cette analyse avaient été chargés d'y procéder par la Société helvétique des sciences naturelles ; ils l'ont faite sur les lieux, et elle offre toutes les garanties désirables d'exactitude. La note par laquelle elle m'a été communiquée a été rédigée par M. *Pagenstecher*, mais j'ignore quelle méthode a été suivie, et comment on a découvert un 43/1000 de grain de sulfate de strontiane.

Ces messieurs ont analysé le gaz qui se dégage de toutes les sources, ils l'ont trouvé composé de :

Acide carbonique	1,017
Oxygène	0,462
Azote	98,521
	100,000

Ces divergences d'opinions nécessitaient de nouvelles recherches : voici celles que j'ai faites avant et depuis l'analyse des chimistes de Berne. Un papier de tournesol plongé dans la source Saint-Laurent, à Louesche, a légèrement rougi ; un papier de sous-acétate de plomb a très-légèrement bruni ; un papier de tournesol rougi par un acide n'a pas éprouvé de changement. Plusieurs bouteilles ont été emplies de l'eau de cette même source avec toutes les précautions convenables dans ce cas, puis bouchées, goudronnées et expédiées à Paris ; et, à ma prière, un pharmacien distingué, M. *Dublanc jeune*, mon ami, a bien voulu se charger de les analyser. Voici les résultats qu'il a obtenus en 1824, immédiatement après l'arrivée des eaux.

Caractères physiques. Limpidité parfaite, odeur sensible d'hydrogène sulfuré, saveur hépatique. (Sur trois bouteilles ouvertes, l'odeur et la saveur étaient plus intenses dans deux que dans la troisième.) Pesanteur spécifique, 1,005. L'ébullition dans un vase à ouverture étroite a lieu sensiblement au même moment que celle de l'eau distillée.

Caractères chimiques. La seule ébullition un peu prolongée détermine la précipitation d'une certaine quantité de sels effervescens avec les acides. L'eau chauffée dans un vase plein et surmonté d'un tuyau qui plonge dans l'eau de chaux seconde, il se fait dans cette dernière un précipité blanc (acide carbonique). Par le même appareil, et en recevant les gaz dans un solutum de sous-acétate de plomb, il se forme un précipité noir. Un solutum d'acide arsénieux versé dans l'eau minérale y détermine un précipité jaune. Le mercure métallique noircit en le laissant vingt-quatre heures en contact avec l'eau, et en la renouvelant (hydrogène sulfuré). Le nitrate d'argent produit un précipité blanc caillebotté, insoluble dans l'acide nitrique et soluble dans l'ammoniaque (hydrochlorate). L'eau de baryte produit un précipité fort abondant, blanc et insoluble dans l'acide nitrique (sulfate). La teinture de noix de galles et l'acide gallique produisent une nuance d'un brun *verdâtre* (fer uni à un sel de chaux, d'après les observations de M. *Berzélius*). L'hydrocyanate ferruré de potasse donne à l'eau une couleur bleuâtre, mais seulement après sa concentration (fer). L'acide oxalique produit un précipité blanc abondant (chaux). L'ammoniaque précipite en blanc (magnésie). Acides minéraux, rien. Hydrochlorate de platine, rien.

1000 Grammes d'eau évaporée ont donné 1,520 de résidu....................	1,520 grammes.
Lequel, traité par l'alcohol concentré, a perdu de son poids..................	0,007
Traité ensuite par l'eau froide, il a perdu............................	0,241
Puis, par l'acide hydrochlorique affaibli, qui a dissous..........................	0,045
Le reste de la matière, traité par le sous-carbonate de potasse, a été entièrement transformé en sulfate de potasse et en carbonate de chaux : ce qui porte la quantité de sulfate de chaux (compris la perte) à........................	1,227 grammes.

Composition de l'eau de Louesche.

(ANALYSE DE 1824.)			(1000 GRAMMES.)
GAZ.	Acide carbonique libre........		Quantité indéterminée (1).
	—— hydrosulfurique libre....		
SELS solubles dans l'alcohol.	Muriate de magnésie..........	0,002	0,007 grammes.
	——— de soude...........	0,005	
	——— de potasse..........		
SELS solubles dans l'eau.	Sulfate de magnésie.........	0,186	0,241
	——— de soude............	0,043	
	——— de chaux?...........	0,012	
SELS solubles dans l'acide muriatique.	Carbonate de chaux...........	0,032	0,045
	——— de fer..............	0,009	
	——— de magnésie?.......	0,004	
	Sulfate de chaux....................		1,200
	Perte.............................		0,027
			1,520

(1) On s'est borné à reconnaître l'existence de ces

Désirant juger si ces eaux avaient éprouvé quelque altération par le temps, nous avons, M. *Dublanc* et moi, analysé, dans les mois de mai et juin 1828, la quantité d'eaux qui restaient de 1824. Voici les résultats obtenus :

Sur huit bouteilles très-exactement bouchées et goudronnées, quatre n'indiquaient, ni à l'odorat ni au goût, la présence de l'hydrogène sulfuré; quatre présentaient l'odeur et la saveur de cet acide d'une manière très-prononcée, et beaucoup plus que ne sent l'eau des piscines à Louesche. Quelques bouteilles avaient conservé leur transparence; les autres étaient légèrement troubles. Dans trois bouteilles sans odeur sulfureuse on remarquait, sur le plan déclive, un amas de petits cristaux de carbonate de chaux, de magnésie et de sulfate de chaux.

Action des réactifs. Les réactifs employés dans la première analyse ont donné les mêmes résultats, excepté pour le mercure et le solutum d'acide arsénieux, qui n'indiquent pas

---

gaz, n'ayant pu les mesurer à défaut d'appareils convenables.

la présence d'hydrogène sulfuré dans l'eau inodore. Le sesqui-ferrocyanure de potassium, si sensible, d'après M. *Berzélius*, pour indiquer la présence du fer, produit une nuance bleuâtre très-légère.

Parties volatiles. M. *O. Henry*, de la pharmacie centrale, a bien voulu se charger de recueillir et d'analyser les gaz; il les a trouvés formés d'acide hydrosulfurique, d'acide carbonique, d'azote et d'oxygène.

Principes fixes. 2,560 grammes d'eau évaporée ont donné un résidu pesant sec 4,65 grammes : 1,000 grammes contiennent donc 1,818 de principes fixes,

Lesquels, traités par l'alcohol concentré, ont perdu de leur poids....................	0,015,7 gram.
Traités ensuite par l'eau, ils ont perdu......	0,343,8
Puis par l'acide muriatique affaibli.........	0,043,7
Il est resté de sel insoluble dans l'eau (compris la perte)............................	1,414,8 (1).

---

(1) L'examen des sels a fait connaître la présence d'une quantité d'hyposulfite qui rend raison de l'absence d'odeur qui a été remarquée sur quelques bouteilles. Ce phénomène concorde avec la petite quantité d'oxygène qui a été trouvée dans ces eaux, puis

Composition de l'eau de Louesche.

(ANALYSE DE 1828.) (1000 GRAMMES.)

		lit.	
GAZ.	Hydrogène sulfuré............	0,00793	A la température de 22° centigr., et à la pression de 0,76 m. de mercure.
	Azote......................	0,01748	
	Oxygène....................	0,00092	
	Acide carbonique (*quantité indéterminée*).		
		gramm.	
SELS solubles dans l'alcohol.	Muriate de magnésie	0,005,7	0,015,7
	—— de soude............	0,010.	
	—— de potasse............		
SELS solubles dans l'eau.	Sulfate de magnésie...........	0,250,8	0,343,8
	—— de soude...............	0,093	
SELS solubles dans l'acide muriatique affaibli.	Carbonate de chaux...........	0,030,7	0,043,7
	—— de fer.	0,009	
	—— de magnésie.........	0,004	
	Sulfate de chaux........................		1,402
	Perte....................................		0,012,8
			1,818

qu'il aurait servi à transformer l'hydrogène sulfuré en eau et en acide hyposulfureux.

Cette analyse a donné beaucoup plus de principes fixes que la première. On ne peut expliquer cette différence que par la plus grande quantité d'eau évaporée, ce qui a proportionnellement diminué la perte, car le résidu total a été très-exactement séché.

En traduisant en grammes les nombres indiqués en grains dans les analyses de MM. *Marell, Brünner* et *Pagenstecher*, et en portant ces nombres à la somme correspondant à 1,000 grammes d'eau, on obtient le *Tableau comparatif*, ci-contre :

		M. MORELL.	MM. BRUNNER et PAGENSTECHER. (1827.)	M. DUBLANC. (1824.)	MM. DUBLANC et PAYEN. (1828.)
GAZ.		Hydrogène sulfuré.	Acide carbonique. Oxygène. Azote.	Hydrogène sulfuré. Acide carbonique.	Hydrogène sulfuré. Acide carbonique. Oxygène. Azote.
PRINCIPES FIXES.	Sulfate de chaux	1,40	1,290	1,212	1,402
	——— de magnésie	» »	0,185	0,186	0,250,8
	——— de soude	» »	0,048	0,043	0,093
	——— de strontiane	» »	0,003,586	» »	» »
	Chlorure de sodium	0,106	0,017,2[illegible]	0,005	0,010
	——— de potassium	» »	0,001,86		
	——— de magnésium	» »	0,002,53	0,002	0,003,7
	——— de calcium	» »	*traces*	» »	» »
	Carbonate de chaux	0,068	0,033	0,032	0,0307
	——— de magnésie	0,148	0,000,26	0,004	0,004
	——— de fer	0,034	0,002,26	0,009	0,009
	Silice	» »	0,009,6	» »	» »
	Nitrate (de magnésie?)	» »	*traces*	» »	» »
	Perte	» »	» »	0,027	0,012,8
1000 Grammes d'eau contiennent de principes fixes		1,756	1,594,096	1,520	1,818

Propriétés médicales. Les eaux de Louesche sont surtout renommées dans quelques affection chroniques de la peau, spécialement dans les dartres ; et l'expérience a prouvé qu'elles réussissent également bien dans toutes les espèces de dartres, quoiqu'on dise à Louesche qu'elles sont sans action contre les furfuracées et les squameuses ; et comme cette dernière opinion est généralement répandue, je prêterai à l'opinion contraire que j'émets, l'appui d'une autorité décisive, celle de M. *Alibert.* Ce célèbre praticien, qui a eu fréquemment dans sa grande pratique l'occasion de prescrire les eaux de Louesche, m'a dit en avoir obtenu le plus souvent d'excellens effets, et indifféremment quelle que fut l'espèce de dartres ; et parmi les observations qu'il a eu la bonté de me communiquer à ce sujet, il m'a cité celle de M. le duc de Riv....., qui vint à Louesche d'après ses conseils l'année que je visitais ces sources, et qui obtint la guérison de dartres furfuracées, mais seulement après avoir pris les eaux pendant plusieurs saisons.

Il est essentiel de remarquer que, comme

toutes les eaux sulfureuses, celles-ci doivent être interdites dans les cas où une irritation très-vive accompagnerait les dartres ; aussi M. le professeur *Alibert*, auquel une remarque de cette importance ne pouvait échapper, insiste-t-il sur la nécessité de n'employer les eaux de cette nature que contre les dartres accompagnées d'inertie des propriétés vitales de la peau. Ces eaux réussissent très-bien dans les affections psoriques, récentes ou invétérées, les ulcères atoniques, simples, dartreux ou scrophuleux, les scrophules, les rhumatismes, les affections goutteuses, surtout si elles occupent les viscères; les paralysies indépendantes de lésions permanentes du cerveau, de la moelle épinière ou des nerfs; dans l'impotence par inaction, l'aménorrhée, si elle coïncide avec une inertie générale, la couperose, les furoncles. Elles sont encore fort utiles dans les affections chroniques non évidemment inflammatoires de l'estomac, des intestins, du foie, des reins, de la vessie, s'il n'existe pas de lésions organiques. Tous les auteurs anciens s'accordent sur les bons effets de ces eaux contre les ophtalmies chroniques (1), et je connais plusieurs malades qui ont été guéris ou notablement soulagés. On dit ces eaux efficaces dans le commencement des cancers utérins, surtout lorsqu'on les administre en douche; mais je ne connais pas de faits qui prouvent ces assertions. On dit encore ces eaux fort utiles dans les affections syphilitiques rebelles, et à la suite des traitemens antivénériens. J'ignore jusqu'à quel point cette opinion est fondée; mais on en dit autant de beaucoup d'autres sources. Il en est de même de la stérilité, contre laquelle les eaux de Louesche passent pour merveilleuses; mais il y a certainement bien des exceptions à admettre. Enfin *Folzius* célèbre les effets de ces eaux au début de la lèpre.

Dans la leucorrhée avec inflammation ou irritation vive de l'appareil génital, ou avec lésions organiques, ces eaux sont nuisibles;

---

(1) La vapeur qui se dégage de l'eau agit, dans ces cas, d'une manière très-énergique, indépendamment de l'effet du bain.

mais elles peuvent être fort utiles, lorsque cette maladie dépend de la langueur générale des fonctions, de la faiblesse de l'estomac ou de la répercussion de quelque éruption cutanée, quoiqu'on dise à Louesche que les eaux sont nuisibles dans tous les cas de flueurs blanches. Je dois ajouter qu'on observe à Louesche ce qui se remarque ailleurs, savoir, que si quelquefois les eaux font cesser les écoulemens leucorrhoïques, quelquefois aussi elles les produisent; mais le plus souvent alors ils cessent avec l'usage des eaux (1).

Les eaux de Louesche sont nuisibles dans la phthisie pulmonaire, les affections du cœur, les inflammations aiguës ou les inflammations chroniques disposées à reprendre une marche aiguë; elles doivent être défendues aux sujets disposés à l'apoplexie cérébrale ou pulmonaire, ou à d'autres hémorrhagies (2). Elles

---

(1) *Gessner* fait la même observation sur les eaux de Bade : *Undè* (dit-il) *mulierculæ nostræ dicunt album uteri fluorem thermis curari, etsi non fuerit acquiri.*

(2) *Perniciosæ et periculosæ sunt in eis quibus*

doivent être surtout soigneusement interdites aux individus doués d'une sensibilité très-vive, d'une constitution irritable, *nerveuse*, comme on dit, et je connais plusieurs malades venus à Louesche pour des incommodités légères, et qui ont conservé plusieurs années la susceptibilité nerveuse, vraiment maladive, qu'ils avaient contractée à ces thermes. On sent de quelle importance est cette observation pour la détermination des cas de mélancolie et d'hypochondrie où les eaux de Louesche seraient profitables ou nuisibles.

En résumé, les eaux de Louesche conviennent dans les cas où on emploie les eaux hydrosulfureuses, et c'est surtout contre les affections dartreuses qu'elles sont usitées; mais il serait utile d'en étendre l'usage et de les prescrire plus souvent qu'on ne fait contre les affections chroniques des organes abdominaux et les rhumatismes. En effet, l'éruption que ces eaux déterminent, et que je décrirai, doit

---

sanguis aliquâ ex parte fluere solitus. (Fabrice de Hilden.)

être un puissant moyen dérivatif, et l'activité que leur usage donne à l'exhalation cutanée doit contribuer encore à la guérison, soit que la diminution de cette fonction soit cause ou effet de la maladie.

Les différens cas où on emploie les eaux de Louesche sont ceux aussi où on conseille celles de Bade (Suisse), et celles de Schintznach (en Argovie), qui sont sulfureuses aussi; mais les eaux de Louesche sont plus actives que les premières, et les secondes sont plus abondamment et plus exclusivement hydrosulfureuses.

Mode d'administration.

Préparation à la cure. On doit laisser quelques jours d'intervalle entre le jour de l'arrivée et le commencement de la cure, comme entre la fin de la cure et le départ. C'était autrefois un usage général de se préparer par un vomitif et un purgatif. Aujourd'hui on emploie moins généralement ces moyens, qu'il faut, ainsi que la saignée, réserver pour les cas d'indications spéciales. On conseille au malade de suspendre quelques jours avant et pendant la cure, l'emploi de médicamens, à moins qu'ils ne soient indispensables.

Les eaux de Louesche s'emploient en bains, en boissons, en douches et en injections.

Bains. Les bains sont généraux ou partiels; les premiers sont presque exclusivement employés, excepté les bains de jambes, qu'une prévention aveugle fait prendre encore à une source spéciale, éloignée du village, en plein air, etc.

Le premier jour de la baignée, on reste dans l'eau une heure; puis on augmente la durée du bain les jours suivans, de manière à pouvoir, en peu de jours, rester le matin quatre à cinq heures dans l'eau. Le troisième ou le quatrième jour, on se baigne, en outre, dans l'après-midi; une demi-heure d'abord, puis une et bientôt deux heures. Lorsqu'on est arrivé à six heures de bain par jour, c'est la *haute baignée*, qui était autrefois plus prolongée, puisque les malades restaient huit heures et plus dans l'eau (1). Cette haute baignée dure

(1) C'était autrefois un usage très-général de pro-

douze ou quinze jours, après lesquels on entre

---

longer beaucoup la durée des bains d'eaux minérales : ainsi, à Plombières, les bains étaient de plusieurs heures ; à Baden (en Argovie), où aujourd'hui le bain est de deux heures au plus, il durait cinq ou six heures au moins. Montaigne, qui a visité ces sources, rapporte que, de son temps, on y restait la moitié de la journée ; mais il n'y avait que la moitié du corps plongée. *Gundelfinger* dit de ces thermes : *Octo vel novem, aut ampliùs, mulieribus balneari permittimus.* GESSNER dit des mêmes eaux : *Sunt qui diem et magnam noctis partem in balneis exigant, mergorum instar ;* et Montaigne, en parlant des malades qui fréquentaient les bains d'Allemagne, écrit : *Ils se baignent, et sont à grenouiller quasi d'un soleil à l'autre.* Enfin *Fabrice de Hilden* va plus loin, puisqu'il dit en parlant des eaux de Pfeffers : *Multi nunquàm balneo egrediuntur ;* et plus loin : *In thermis tanta est voluptas, ut multi per octiduum et ampliùs eis non egrediantur, sed cibum simul ac somnum in eis capiant ;* et *Tissot* dit la même chose des eaux de Bade. La Suisse est le pays où l'on s'est le moins éloigné de ce mode d'administration ; et c'est surtout à Louesche et à Pfeffers qu'on retrouve cet usage, puisque dans le premier lieu on se baigne encore aujourd'hui six heures au moins, et que, dans le second, les bains ont encore sept à dans la *débaignée*, en diminuant graduellement la durée des bains ; on supprime bientôt celui du soir, et enfin on cesse. Quelques malades affaiblis, ou sur lesquels l'eau exerce une action trop irritante, commencent par ne plongèr que la moitié du corps pendant quelques jours.

La durée de la cure est d'à peu près un mois ; autrefois elle était juste de vingt et un jours, sept pendant lesquels on augmentait d'une heure chaque jour la durée du bain, sept pendant lesquels on se baignait sept heures

---

dix heures de durée. On ne peut disconvenir que des bains ainsi prolongés doivent avoir une action plus énergique que si leur durée était moindre, et il est probable que, dans des expériences comparatives entre l'effet de ces deux modes d'administration, on trouverait la même différence que *Pomme* a remarquée entre les effets d'un bain simple d'une heure de durée et ceux d'un bain très-prolongé, comme huit, dix, vingt, et même vingt-deux heures ; observation dont il a tiré un si grand parti, et qui a valu à ce médecin et à ceux qui, comme lui, ont employé ce moyen, de si beaux résultats dans le traitement des affections nerveuses.

par jour, et enfin sept où on diminuait chaque jour d'une heure la durée du bain.

L'eau des sources étant très-chaude, on en emplit les piscines le soir; on l'agite ensuite très-souvent, et le matin, à l'heure du bain, elle a ordinairement 28 à 29° + o *R*.

Voici l'emploi de la journée d'un malade qui est à la haute baignée : de quatre ou cinq heures du matin à huit ou neuf dans le bain, puis une heure de séjour au lit; à onze heure le dîner, après lequel on se promène; à trois ou quatre heures retour au bain jusqu'à six heures; puis le souper, après lequel on se réunit deux heures au plus dans ce qu'on appelle le salon; enfin le coucher entre neuf et dix heures. On voit, d'après cette distribution de la journée, qu'une si longue durée de bain deviendrait bientôt ennuyeuse pour les malades s'ils ne se baignaient pas ensemble; aussi le séjour à Louesche est-il fort monotone pour ceux qui ne s'y baignent pas, et l'ennui décide souvent à faire une cure les personnes bien portantes qui sont venues accompagner des malades.

L'immersion et le séjour dans le bain ne

déterminent d'abord que les effets d'un bain tiède; mais, après une ou deux heures, on éprouve à la peau un sentiment particulier, une sorte d'astriction. Après le bain la peau est chaude, et la sueur survient bientôt favorisée par le séjour au lit. Après quelques jours, et pendant le reste de la cure, la peau est sensiblement plus ferme, plus dense, et non pas souple comme après l'usage de quelques autres bains (1).

Poussée. Rarement les premiers jours on éprouve de picotemens à la peau, mais après une huitaine chez le plus grand nombre; deux, trois ou quatre bains chez quelques-uns, on éprouve aux genoux quelques picotemens, suivis bientôt de l'apparition de taches rouges pointillées, puis de plaques comparables à celles que détermine l'application d'un sinapisme. Cette éruption s'étend, en suivant cette gra-

---

(1) Cet effet, qui est fort sensible à Louesche, avait été remarqué par *Gessner*; il dit en parlant des eaux de Bade : *Cutem ab eis laxiorem molioremque reddi ut contrà in leuceris Sedunorum sicciorem solidioremque expertus sum.*

dation, aux jambes, aux bras, aux cuisses, aux avant-bras, puis au tronc. Quelquefois elle met plusieurs jours à occuper toutes ces surfaces, et les parties atteintes les premières sont guéries quand les dernières sont affectées; mais, le plus souvent, l'éruption est générale à la fois, quoique moins vive aux endroits qui ont été frappés les premiers; bientôt il s'élève sur ces rougeurs des pustules plus ou moins grosses; et la fièvre, qui survient quelquefois dès le commencement de l'éruption, paraît si elle n'a pas eu lieu, et son intensité est en raison de l'éruption. Chez quelques baigneurs, celle-ci est assez forte pour constituer une véritable maladie; ils n'éprouvent de soulagement que par le séjour dans l'eau, quoique l'immersion soit très-douloureuse, et on a quelquefois été obligé, dans l'intervalle des bains, d'envelopper les malades d'un drap mouillé, dans leur lit, pour calmer les douleurs. C'est à cette éruption qu'on donne le nom de *poussée* (*hautausschlag*, des Allemands; *excoriatio cum pruritu*, de FABRICE DE HILDEN). Le plus souvent la *poussée* est modérée; quelquefois elle ne se manifeste que sur quelques parties; comme les éruptions cutanées, elle est susceptible de disparaître subitement, par un grand nombre de causes, etc.

La *poussée* semble être un effet constant des eaux de Louesche : en effet, générale ou partielle, elle a lieu chez le plus grand nombre des baigneurs ; à Bade (en Argovie), au contraire, cette éruption a quelquefois lieu, mais c'est dans le plus petit nombre de cas, et elle est moins intense et moins générale ; les eaux de Schintznach et celles de Pfeffers déterminent souvent aussi une éruption semblable, mais la *poussée* de Louesche est plus intense et plus douloureuse (1).

Il est de précepte, à Louesche, de se baigner pendant la *poussée* ; si on est dans la débaignée, de prolonger la durée des bains, et même de les reprendre si on avait fini la cure : il paraît que lorsqu'on ne se conforme pas à ce

(1) Une circonstance qui me semble fort remarquable, c'est qu'aucun écrivain ancien ne parle de cette éruption, et en particulier *Collinus*, *Simler* et *Gessner*, quoique ce dernier ait fait usage des eaux.

précepte, l'éruption, contrariée, se fait imparfaitement, et qu'il en résulte des accidens (1). La démangeaison qui accompagne toujours la *poussée* persiste assez long-temps après sa disparition, surtout si l'éruption a paru après la cessation des bains. Avec cette éruption, surviennent de l'anorexie, une soif vive, un sommeil agité; les urines deviennent troubles et épaisses; après un temps qui varie de huit à quinze jours, l'éruption diminue, et disparaît en suivant l'ordre de son apparition; et l'épiderme se détache en écailles furfuracées : c'est alors qu'on diminue la durée du bain, et que commence la *débaignée* (2).

---

(1) J'ai été pris de la poussée le sixième jour; elle a duré quatorze jours avec intensité. Huit jours après sa disparition, une nouvelle poussée parut aux jambes; je pris un dernier bain. La poussée persista plusieurs jours, quoique je ne me baignasse plus; mais elle n'augmenta pas, et elle disparut sans causer d'accidens.

(2) L'absence de la matière glaireuse qui se trouve dans les eaux de Plombières, de Barèges, de Vichy, etc., est-elle une des raisons qui rendent si fré-

L'application de ventouses nombreuses sur la surface du corps prévient la *poussée;* quelquefois il survient deux *poussées*. Cette éruption est toujours favorisée par la boisson de l'eau; et, ce qui est remarquable, elle survient quelquefois sous cette seule influence, comme j'en ai vu un exemple à Louesche. Ce phénomène semble donc dépendre d'une propriété particulière de l'eau, et il n'est pas seulement dû à son action irritante sur la peau, quoique cette action soit très-prononcée, puisqu'elle est quelquefois telle, que le moindre frottement détermine des érosions à la peau, et les plaies et les écorchures sont très-irritées par son contact (1).

---

quente la poussée par l'usage des eaux de Louesche? On pourrait apprécier approximativement la justesse de cette idée, en ajoutant dans quelques bains particuliers de la gélatine. Du reste, cette addition serait utile pour les malades sur lesquels l'eau aurait une action très-irritante; de même que, si cette éruption tardait à se développer chez un malade auquel elle devrait être avantageuse, on devrait la provoquer par des frictions.

(1) Cette action de l'eau, que j'appellerais presque

On doit interrompre les bains pendant le cours des règles, ou au moins les prendre beaucoup moins longs, surtout les premiers jours; cette évacuation mensuelle est modifiée par l'usage des eaux, qui fréquemment la provoquent, et la rendent plus abondante; mais quelquefois, au contraire, les règles sont très-peu abondantes pendant la cure : c'est surtout lorsqu'elles surviennent pendant la poussée, et que cette éruption est considérable.

On emploie fréquemment à Louesche les ventouses scarifiées à la fin de la cure; les paysans suisses surtout ne manquent pas, pour compléter leur cure, de se faire *corneter*

---

corrosive, s'observe même sur les tissus qui forment les robes de bains, puisque, indépendamment de la couleur rouge qu'ils prennent par l'immersion dans l'eau, laquelle prouve l'existence du fer, ils sont altérés dans leur texture de telle sorte qu'après trois semaines cette toile est excessivement usée, et il n'est pas rare qu'un malade qui fait une seconde cure soit obligé d'employer un second peignoir : la même coloration et la même usure des robes de bains se remarquent à Bourbon-l'Archambault.

et scarifier. Des hommes ou des femmes fort adroits couvrent toute la surface du corps, et surtout les parties qui sont le siége de douleurs, d'un grand nombre de petites ventouses, dans lesquelles ils font le vide avec le bec recourbé d'une petite lampe; après les avoir laissées quelque temps, ils les enlèvent, scarifient la peau, et réappliquent la ventouse : il se fait ainsi une saignée copieuse, et j'ai vu la masse d'eau d'une piscine sensiblement colorée par le sang qu'avaient perdu plusieurs hommes qui y avaient été scarifiés.

Boissons. Il est rare qu'on fasse à Louesche une cure par les boissons seules, et dans ce cas même on doit prendre un ou deux bains d'une heure par semaine. On prend les eaux le matin à jeun, et le soir quatre heures après le dîner; on les boit par verrée, à un quart-d'heure de distance, et on doit laisser une demi-heure entre le dernier verre et le déjeûner. La quantité d'eau qu'on boit varie; autrefois il était d'usage de faire constamment la forte cure, c'est-à-dire d'en boire le plus possible; mais on a renoncé à cette exagération, et on dit proverbialement que *ce n'est pas l'eau bue qui guérit, mais l'eau digérée.* Aujourd'hui on commence par un, deux ou trois verres après les premiers jours de bains; on augmente ensuite jusqu'à neuf ou dix par jour, dont on prend les deux tiers le matin et le reste l'après-midi ; quelques malades vont jusqu'à quinze ou seize verres, mais rarement au-delà : on diminue graduellement en finissant la cure. Les malades qui se baignent prennent les eaux dans le bain.

Le premier effet de la boisson est de déterminer de l'anorexie, du dégoût, des rapports, quelquefois même des vomissemens. La langue devient muqueuse ; l'estomac fait éprouver du malaise, il est distendu par des gaz ; il survient une aridité considérable de la muqueuse de la bouche, des lèvres, du pharynx, du larynx ; il y a de la soif, et fréquemment un peu de fièvre (1) ; l'estomac s'habitue bien-

(1) *Fabrice de Hilden*, qui a très-bien observé et décrit les effets de ces eaux, n'a pas manqué de noter ce phénomène : *Sitis aut siccitas oris et linguæ si*

tôt à ces eaux, et ces accidens cessent, ou au moins diminuent. La sécrétion urineuse est augmentée plus que ne comporte la quantité d'eau bue. Quelquefois il survient de la constipation, plus constamment de la diarrhée, et cet effet a été noté par GESSNER et COLLINUS: *aqua solvit ventrem bibentium*, disent-ils. C'est probablement à cette irritation du tube intestinal qu'est dû un effet que j'ai observé sur moi, et qu'ont éprouvé quelques personnes que j'ai connues à Louesche; je veux dire une dilatation des vaisseaux hémorrhoïdaux assez considérable pour être fort incommode, et qui a cessé complètement par la cessation de la boisson et la suppression du dévoiement qu'elle avait causé. Quelquefois, par l'usage des bains et des boissons, il survient des étourdissemens, des pesanteurs ou des douleurs de tête, des épistaxis, une chaleur excessive à la peau, une agitation, une anxiété extrêmes,

---

supervenerit, dit-il. Il a remarqué aussi les nausées, la perte de l'appétit, etc.; mais il donne le précepte d'interrompre les boissons pendant la poussée; ce qu'on ne fait pas à Louesche.

surtout par le séjour au lit ; il faut alors diminuer ou même suspendre l'usage des eaux, suivant la gravité des accidens.

J'ai dit que la boisson seule provoquait quelquefois la poussée ; on recommande alors de se baigner, et je crois ce précepte utile : mais j'ai connu à Louesche une dame chez laquelle cette éruption survint ainsi, qui ne se baigna pas et qui n'éprouva pas d'accidens.

L'action des eaux s'étend jusqu'aux dents, qui brunissent par leur usage, et deviennent douloureuses pour peu qu'on y soit disposé.

Lorsque les boissons irritent l'estomac, on peut les couper avec le lait ; quelques malades n'éprouvent d'autre gêne que la difficulté de digérer ces eaux, qui *passent mal*, comme ils disent : ceux-là se trouvent bien de l'usage de quelques aromatiques. Lorsque l'embarras gastrique qui survient au commencement de la cure n'est pas accompagné de fièvre ni de douleurs, on se trouve très-bien d'un vomitif, mais les malades se prescrivent souvent trop légèrement ce moyen. Quelquefois un purgatif est nécessaire, et on en conseille presque toujours après la cure, surtout après celle par les boissons seules.

Injections, douches, lotions. Les injections dans le rectum réussissent fort bien pour combattre les constipations opiniâtres ; elles sont utiles aussi dans les ulcères fistuleux, et, on ajoute, dans les squirrhes et les cancers utérins commençans, ce qui est douteux. Les lotions conviennent dans la couperose, les dartres, les ulcérations de la face. Les douches s'emploient aussi à Louesche, mais il n'y en a que de descendantes, et l'incurie générale a présidé encore à leur construction : l'eau est fournie par un cuvier dont on ne peut pas varier l'élévation ; la pression varie suivant la quantité d'eau qu'il contient ; la température baisse quelquefois trop, etc. Telles qu'elles sont administrées, elles sont utiles, et elles ont au moins cela de commode, que le cabinet où on l'administre s'ouvre dans la piscine ; la durée est de dix à vingt-cinq minutes.

Le plus grand nombre des malades fait usage des eaux en bains et en boissons : ceux qui ont des douleurs rhumatismales, etc., des engorgemens, de fausses ankiloses, y joignent avantageusement l'usage de la douche. C'est surtout le bain qui est efficace, et je pense qu'on doit le prescrire dans la majorité des cas; on devra en favoriser l'effet par les boissons, excepté chez quelques malades chez lesquels on aurait à craindre une irritation un peu vive des organes thoraciques ou abdominaux; et chez ces malades, l'addition de gélatine dans le bain pourrait être très-avantageuse.

Hygiène des baigneurs.

Les malades éviteront de se promener tard le soir; ils devront faire promptement, le matin, la traversée du logement au bain; car j'ai insisté sur le froid humide qui règne dans la vallée le soir et la nuit. Les vêtemens doivent être chauds; et quoiqu'au milieu du jour la température soit élevée, il faut proscrire les habillemens d'été : l'usage de la flanelle sur la peau est indispensable

Le temps de l'année pendant lequel on se rend a Louesche s'étend du commencement de juin à la fin d'août; on cite quelques exemples heureux de malades qui ont pris les eaux en d'autres temps, et même l'hiver; mais le climat de la vallée doit neutraliser les bons effets du bain ; et tel voyageur venu à Louesche, dans la belle saison, pour se distraire, est souvent parti après y avoir contracté des rhumatismes.

La nourriture est convenable à Louesche; elle se compose de bon mouton, de veau, de chamois, de poissons excellens et variés, et de légumes de qualité médiocre : on y a peu de fruits (1). Si on trouve, avec raison, qu'à la plupart des sources minérales les tables sont trop somptueusement servies, là ce reproche serait injuste. La plupart des malades déjeûnent dans le bain, et on ne trouve à cela aucun inconvénient. A Louesche, comme aux autres sources, il faut éviter les ragoûts, la chair de porc, la salade, la pâtisserie, les liqueurs alcoholiques, etc., etc.

Presque tous les malades se trouvent bien de l'exercice, surtout ceux qui ne sont que

---

(1) Il n'est peut-être pas superflu de noter que le séjour à Louesche est fort peu dispendieux.

buveurs ; il peut être prolongé, mais il doit être modéré, et d'autant plus que, pour peu qu'on s'éloigne, on est obligé de monter; il faut surtout, dans ces courses, se méfier des changemens brusques de température, qui sont si communs dans les montagnes.

Les malades doivent, pendant quelque temps après la cure, continuer le même régime, et l'usage des vêtemens chauds et secs.

Effets consécutifs.

Très-souvent les eaux de Louesche commencent par augmenter les maladies contre lesquelles on les dirige ; elles réveillent des symptômes disparus : elles *éprouvent*, comme on dit, et cela est en général d'un bon augure. Fréquemment aussi les malades n'éprouvent que peu ou pas de soulagement pendant leur séjour aux eaux, et ce n'est que plus tard que l'amélioration survient : on aurait donc tort de les juger inefficaces lorsqu'elles ne soulagent pas immédiatement. La peau reste long-temp plus colorée, plus sensible; la transpiration cutanée est plus active, et quelquefois l'exhalation, qui s'est établie d'une manière évidente sur des parties où jusque là elle avait été inappréciable continue ensuite à avoir lieu.

Si la maladie était ancienne, et qu'on n'ait obtenu que peu de soulagement, il peut être utile de faire une deuxième cure, après s'être reposé pendant quelques jours.

Enfin il arrive souvent qu'un voyage aux eaux l'année suivante consolide une guérison qui n'avait été qu'ébauchée par une première cure; c'est ce que les malades appellent le *voyage de reconnaissance.*

Tels sont les détails que j'avais à consigner sur les eaux de Louesche, peu connues et peu usitées en France, et dont cependant l'efficacité ne saurait être contestée; un tel sujet eût demandé sans doute une plume plus exercée que la mienne, et surtout un séjour plus prolongé dans cette vallée, pour recueillir un grand nombre d'observations à l'appui des faits avancés : mais j'ai pensé que cet essai, tout imparfait qu'il est, pouvait offrir quelque intérêt, et ce n'est pas sans une juste défiance de mes forces que je me suis engagé dans une route si brillamment, et si utilement parcourue par des écrivains observateurs, tels que MM. *Alibert*, *Bertrand*, *Faye*, *Patissier*, etc. (1).

---

(1) Il n'appartiendrait à personne autant qu'aux praticiens distingués MM. les docteurs *Gay* et *Monier*, qui viennent chaque année passer à Louesche la saison des eaux, de traiter *ex professo* un sujet aussi important, et que je n'ai pu qu'effleurer.

NOTE BIBLIOGRAPHIQUE

SUR

LES EAUX DE LOUESCHE.

N'AYANT trouvé dans aucun auteur la liste des écrivains qui se sont occupés de Louesche, je crois qu'il ne sera pas superflu d'ajouter ici la note des auteurs que j'ai consultés, et qui ont parlé de ces eaux d'une manière exclusive ou accessoire.

1°. Je n'ai pas connaissance que quelque auteur ait traité spécialement des bains de Louesche avant 1489, époque à laquelle ils furent décrits par GUNDELFINGER, auteur d'un ouvrage intitulé *de Thermis badensibus* (Bade en Argovie).

2°. SÉB. MUNSTER, *Cosmographie universelle* (allemand), in-fol.; Bâle, 1544. La partie qui traite de la Suisse contient des renseignemens précieux sur l'histoire naturelle et la géographie de ce pays. Plusieurs sources minérales sont décrites avec détails, et celle de Louesche est de ce nombre dans le chapitre intitulé : *de Thermis leucensibus apud Vallesios*. La carte de Suisse en deux feuilles est la première de ce pays qui ait été publiée.

3°. Conradi Gessneri *Excerpta et observationes de thermis*. Cet ouvrage fait partie d'un volume in-4°. publié en 1553, à Venise, chez Junte, et intitulé : *de Balneis, omnia quæ extant apud Græcos, Latinos et Arabas*. Gessner traite des eaux minérales de Suisse et d'Allemagne ; au sujet de Louesche, il cite Munster et Gundelfinger, et il relate les observations qu'il a faites pendant un séjour de vingt jours à ces thermes.

4°. Ambuel, d'une famille considérable de Sion, mort vers l'an 1560, connu sous le nom de Gasp. Collinus, médecin distingué, ami et correspondant de C. Gessner, compose pour lui en latin, en 1559, un traité des bains du Valais, sous ce titre : *de Sedunorum thermis*.

5°. Josias Simler, Zuricois, publie, en 1574, une description du Valais, intitulée *Vallesiæ et Alpium descriptio*, dans laquelle il traite des bains de Louesche, et il place à la fin la description de Collinus. *Voyez* l'édition in-24 publiée en 1633 à Leyde, chez les Elzevirs, laquelle fait partie de la collection des Républiques, ou le *Thesaurus historiæ Helvetiæ*, Zurich, 1735, dans lequel Fussli a inséré ces deux ouvrages.

6°. Fabrice de Hilden, *Opera omnia*, in-fol.; Francfort, 1646. Il décrit plusieurs sources minérales, entre autres celle de Pfeffers, et il consacre six pages à la description des eaux de Louesche. *Voyez*, p. 646 à 652, *de Thermis leucensibus in Vallesiâ*. Il rapporte trois observations de cas où ces eaux ont été nuisibles; une d'elles se trouve dans la centurie 5, obs. 82.

7°. Constantin de Castel, médecin valaisan, *Description des bains de Leuk, dans le Valais*, publiée en allemand à Sion, et en latin à Lyon, en 1647; in-8°. Scheuchzer a fait de cet ouvrage une traduction française qui n'a pas été imprimée.

8°. Scheuchzer, *Histoire naturelle de la Suisse*, 2 vol. in-4°., en allemand; Zurich, 1752. Le second volume est consacré à l'hydrographie de ce pays. L'auteur traite des bains de Louesche de la page 371 à 383, et il rapporte en entier la description de Collinus.

9°. *Analyse des eaux minérales des bains de Leuck, en Valais*, par M. Rouelle, démonstrateur en chimie au Jardin du Roi. (Journ. de méd., chirurg., pharm. de Roux; in-12, t. 45, janvier 1776.)

10°. Naterer (Franç.-Xav.), médecin valaisan, *Description des eaux minérales des bains de Louesche;* Sion, 1779; in-8°. (allemand). Cet ouvrage a été traduit en français par le docteur Scholl de Biel; Sion, in-8°. Naterer rapporte trente-une analyses de ces eaux.

11°. Le comte DE RAZOUMOWSKI, *Voyages minéralogiques dans le gouvernement d'Aigle et dans une partie du Valais*, in-8°.; Lausane, 1784. Il décrit avec détails la nature des roches de la Gemmi, et les propriétés physiques et chimiques des cinq sources principales, qu'il a analysées comparativement.

12°. M. MORELL, de Berne, *Recherches chimiques sur quelques-uns des principaux bains et eaux minérales de la Suisse;* Berne, 1788 (allemand).

13°. EBEL, D^{r}. M., *Manuel du voyageur en Suisse*, 4 vol. in-8°.; Zurich, 1810 (allemand).

14°. *Présent du nouvel an, dédié à la chère jeunesse de Zurich*, etc., 2 broch. in-4°.; Zurich, 1816-1817 (allemand).

15°. M. BRIDEL, pasteur de Montreux, *Statistique du canton de Valais*, in-18; Zurich, 1820.

Enfin on trouve ces sources mentionnées ou décrites dans un grand nombre d'ouvrages. Ainsi TISSOT en parle en plusieurs endroits (*Maux de nerfs*); M. STRUPE a fait quelques recherches sur ces eaux (*Hist. économ. de Berne*, 1786, préface). *Voyez* encore WAGNER (*Hist. nat. helv.*, 1680, p. 100); *les Délices de la Suisse;* M. ALIBERT, *Traité des eaux minérales;* M. PATISSIER, *Manuel des eaux minérales de France*, etc., etc.

FIN.

www.ingramcontent.com/pod-product-compliance
Ingram Content Group UK Ltd.
Pitfield, Milton Keynes, MK11 3LW, UK
UKHW020423230726
13925UKWH00004B/1587

9 782014 052275